BEI GRIN MACHT SICH IHR WISSEN BEZAHLT

AF154642

- Wir veröffentlichen Ihre Hausarbeit,
  Bachelor- und Masterarbeit

- Ihr eigenes eBook und Buch -
  weltweit in allen wichtigen Shops

- Verdienen Sie an jedem Verkauf

**Jetzt bei www.GRIN.com hochladen
und kostenlos publizieren**

Stephanie Balke

Eiszeitliche Überformung Norddeutschlands

GRIN Verlag

Bibliografische Information der Deutschen Nationalbibliothek:

Die Deutsche Bibliothek verzeichnet diese Publikation in der Deutschen National-
bibliografie; detaillierte bibliografische Daten sind im Internet über http://dnb.d-
nb.de/ abrufbar.

Impressum:

Copyright © 2007 GRIN Verlag, Open Publishing GmbH
Druck und Bindung: Books on Demand GmbH, Norderstedt Germany
ISBN: 978-3-640-70612-9

Dieses Buch bei GRIN:

http://www.grin.com/de/e-book/157847/eiszeitliche-ueberformung-norddeutschlands

GRIN - Your knowledge has value

Der GRIN Verlag publiziert seit 1998 wissenschaftliche Arbeiten von Studenten, Hochschullehrern und anderen Akademikern als eBook und gedrucktes Buch. Die Verlagswebsite www.grin.com ist die ideale Plattform zur Veröffentlichung von Hausarbeiten, Abschlussarbeiten, wissenschaftlichen Aufsätzen, Dissertationen und Fachbüchern.

Besuchen Sie uns im Internet:

http://www.grin.com/

http://www.facebook.com/grincom

http://www.twitter.com/grin_com

Eberhard Karls Universität Tübingen
Geographisches Institut
Proseminar: Regionale Geographie Norddeutschlands

Eiszeitliche Überformung Norddeutschlands:

Prozesse und Formen

Proseminararbeit erstellt von:
Stephanie Balke

Inhaltsverzeichnis

1. Einleitung

Um das gegenwärtige Landschaftsbild Norddeutschlands verstehen zu können, muss man die Zeit um einige Jahrtausende zurückdrehen. Noch vor 11.000 Jahren war Norddeutschland von großen Inlandeismassen überzogen, die sich während des Pleistozäns dort ausgebreitet hatten. Vor über 2,6 Millionen Jahren begann sich das Klima zu ändern. In der Zeit zwischen 2,6 Millionen Jahren und 11.000 Jahren vor heute war Norddeutschland aber nicht dauerhaft von Inlandeismassen bedeckt. Es gab einen stetigen Wechsel zwischen Kalt- und Warmzeiten. Diese glaziale Prägung des Landschaftsraums Norddeutschland hat eine enorme Auswirkung auf das heutige Landschaftsbild. Nicht nur die Mecklenburgische Seenplatte geht auf die Wirkung des Eises während des Pleistozäns zurück. Auch an vielen anderen Formen wie z.B. den Förden in Kiel und Flensburg, den Fröruper Bergen oder auch an kleineren Formen kann man den glazialen Einschlag der Landschaft erkennen. Für das Verständnis der glazialen Prägung Norddeutschlands ist es wichtig erst einmal einige Begriffe zu erklären und die Entwicklung und die Ursachen einer Vereisung näher zu betrachten. Im zweiten Teil dieser Hausarbeit sollen die einzelnen geomorphologischen und geologischen Formen diskutiert werden, die bei der Vereisung in Norddeutschland entstanden sind.

2. Die Eiszeit – Begriffserklärungen, Entwicklung und Ursachen

2.1 Glazial und Interglazial

Der Begriff Glazial (lat. glacies: Eis) wird einerseits für das Wachstum und die Verbreitung großer Inlandeisdecken, andererseits für alle geomorphologischen und geologischen Formen verwendet, die durch das Eis bzw. durch Gletscher entstanden sind. Als Glazial kann man also einen Zeitraum beschreiben, in dem große Eismassen gebildet werden. Dies geht einher mit einer generellen Erniedrigung der Lufttemperatur, in den Gebieten, in denen das Eis gebildet wird. Außerdem kommt es zu einer Senkung des Meeresspiegels, da das Eis bei seiner Ausbreitung große Mengen an Wasser an sich bindet. Eine weitere Voraussetzung für die Bildung großer Eismassen sind ausreichend Niederschlagsereignisse. Es können allerdings auch Entwicklungen im entgegengesetzten Sinne auftreten. Wenn sich die Eismassen, über einen längeren Zeitraum betrachtet, verringern, sich also das Volumen verkleinert und die Eisränder abschmelzen, spricht man von einem Interglazial. Ein Interglazial liegt immer zwischen zwei Glazialen. „Eine Abfolge von miteinander abwechselnden Glazialen und Interglazialen mit einer Gesamtlänge in der Größenordnung von 1 bis 10 Millionen Jahren bildet eine Eiszeit" (STRAHLER, 2002: S. 480). Die durchschnittlichen Temperaturen liegen während einer Eiszeit zwischen 7° und 13°C niedriger als heute. Als „die Eiszeit" wird allerdings auch der Zeitabschnitt der letzten 2 Millionen Jahre bezeichnet. In Abbildung 1 sind die einzelnen Glaziale und Interglaziale aufgeführt. In der Abbildung ist außerdem zu erkennen, dass es innerhalb der einzelnen Glaziale und Interglaziale wiederholt zu Wärme-/ Kälteeinbrüchen gekommen ist. Diese kleineren Klimaschwankungen werden Stadiale und Interstadiale genannt. Im Folgenden wird der Begriff Eiszeit immer in Zusammenhang mit der Vereisung dieser Periode verwendet.

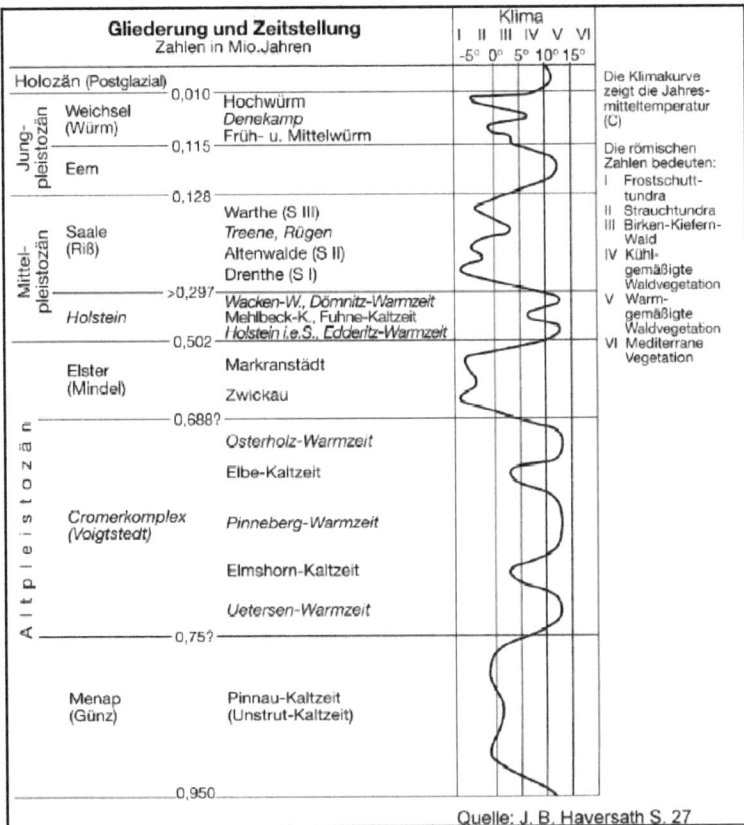

Abb. 1: Klimatischer Verlauf in Norddeutschland während der Inlandvereisung im Pleistozän

2.2 Entwicklung der Vereisung in Norddeutschland

Bereits im Tertiär begann auf der Erde ein Abkühlungstrend. Vom mittleren Eozän bis zum mittleren Oligozän wurde das bisher herrschende warme Klima durch eine Kältephase abgelöst, in der sich zum ersten Mal eine Vergletscherung der Antarktis bildete. Der Abkühlungstrend wirkte sich langfristig gesehen auf das Quartär aus. Das Eiszeitalter wird auf das Pleistozän datiert. Also auf die Zeit zwischen ca. 2 Millionen und 11.000 Jahren vor heute. Durch das Zurückgehen der Temperatur bildeten sich in den Hochgebirgen und in den höheren Breiten Gletschermassen. Gegenwärtig ist eine Fläche von rund 15 Millionen km² mit Eis bedeckt. Während der größten Eisausdehnung im Pleistozän waren dagegen rund 44 Millionen km² vergletschert. Das entspricht ca. 32 % der Erdoberfläche.

In Europa gab es im Pleistozän drei große Vereisungszentren: das skandinavische Inlandeis mit dem Zentrum über dem Nordteil der heutigen Ostsee, mehrere kleinere Hochgebirgszentren über den Britischen Inseln, die fast die gesamte Landfläche bedeckten, und die Vergletscherung der Alpen. Norddeutschland wurde ausgehend vom skandinavischen Inlandeis während der großen Glaziale Elster, Saale und Weichsel dreimal glazial überformt. Bis zu 1000m mächtige Inlandeismassen prägten die Landschaft Norddeutschlands in den letzten 1,2 Millionen Jahren (vgl. AHNERT: S. 348).

2.3 Ursachen der Vereisung

Bis zum heutigen Tag wurden mehrere Theorien zur Entstehung von großen Inlandeismassen entwickelt, wobei oft einige Faktoren zusammenspielen.

2.3.1 Plattentektonik als Ursache

Durch die Bewegung von kontinentalen Platten kann es beispielsweise zu einer Öffnung/ Schließung von Meeresstraßen kommen, was besonders wichtig für die Meeresströmungen und somit auch für den Wärmetransport auf der Erde ist. Wie bereits erwähnt, folgte auf eine warme Phase zu Beginn des Tertiärs während des mittleren Eozäns/Oligozäns eine Abkühlungsphase. Diese Abkühlung wurde offenbar dadurch verursacht, dass sich Australien und Südamerika von der Antarktis lösten und sich so der kalte zirkumantarktische Strom etablieren konnte, der die Antarktis vor jeglichem Wärmeeinfluss abschirmt. Ein Beispiel der Schließung von Meeresstraßen ist die Entstehung der Landbrücke zwischen Nord- und Südamerika, die zu einer Umlenkung der warmen Meeresströmung in Richtung Norden verantwortlich war. Die warme Meeresströmung brachte vor allem auch Niederschläge in Richtung Grönland, Nordeuropa und Nordamerika, die für die Bildung der Inlandeismassen wichtig waren.

Außerdem werden durch das Aufeinandertreffen zweier Platten Hochgebirge gebildet, die oft Ausgangspunkt einer Vereisung sein können.

2.3.2 Periodische Änderung orbitaler Parameter

Die Veränderung der Erdbahnparameter wird durch alternierende Gravitationskräfte von Sonne, Erde und Mond angeregt. So ändert sich die Exzentrizität (die Form der elliptischen Umlaufbahn der Erde um die Sonne) mit einer Periode von ca. 100.000 Jahren. Der Neigungswinkel der Rotationsachse der Erde, der heute bei 23,5° liegt, ändert sich in einem Zyklus von ca. 42.000 Jahren zwischen 22° und 24°. Außerdem variiert die Lage der Äquinoktien (Tag- und Nachtgleiche) alle 21.000 Jahre mit einem Mittelwert von 1 – 5 %.

Diese Zyklen nennt man Milankovic – Zyklen, benannt nach dem serbischen Astrophysiker Milutin Milankovic, der die Zyklen 1941 mathematisch darstellte.

Durch die Veränderung der orbitalen Parameter kommt es auf der Erde zu Unterschieden in der Einstrahlungsintensität, woraus die Bildung oder der Abbau von Gletschern resultieren kann.

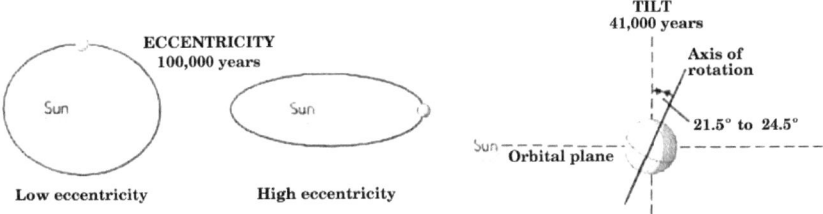

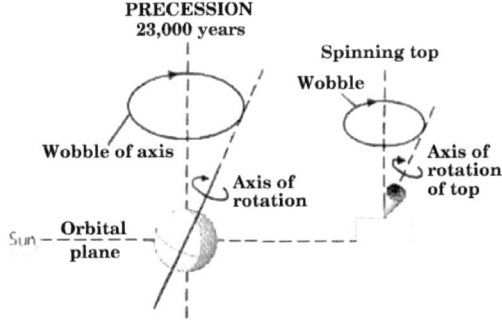

Abb. 2: Milankovic- Zyklen. Quelle: http://www.astro.uu.nl/~sluys/Cursus/planeten/ice_age_causes.jpg

2.3.3 Vulkanausbrüche und Meteoriteneinschläge

Durch einen lang andauernden Vulkanismus oder Meteoriteneinschläge kann eine Staubschicht um die Atmosphäre gebildet werden, die die Sonneneinstrahlung über Jahrzehnte hinweg nur unregelmäßig durchlässt. Die Folge einer solchen Abdunkelung der Sonne ist eine Abkühlung auf der Erde, die die Bildung von vergletscherten Gebieten mit sich bringt.

2.3.4 Selbstverstärkungseffekt und Albedo

Große Eisflächen haben einen hohen Albedo- Wert (Prozentsatz der Rückstrahlung der einfallenden Sonnenstrahlung). Das bedeutet, dass die einfallende Sonnenstrahlung größtenteils reflektiert wird und es somit zu einer Temperaturabnahme kommt. Durch diese Temperaturabnahme wird ein Selbstverstärkungsprozess in Gang gesetzt, durch den die Eisflächen noch vergrößert werden.

3. Erosionsformen von Inlandeisdecken

3.1 Detersion und Detraktion

Die Inlandeismassen nehmen Lockermaterialien die sich am Untergrund befinden auf und transportieren diese als Untermoräne. Die mitgeschleppten Materialien wirken abschleifend und glättend auf den Untergrund ein. Dies geschieht vor allem an der der Eisbewegung zugewandten Stoßseite von Erhebungen des Felsuntergrunds (Vgl. AHNERT, 2003: 360). Dieser Prozess des Abschleifens wird Gletscherschliff oder auch Detersion (von lat. detergere= abwischen) genannt. An den Rillen, die durch diese Erosionsform auf dem Felsuntergrund gebildet werden, kann man auch heute noch die Strömungsrichtung des Inlandeises erkennen.

An der entgegengesetzen Seite von Felserhebungen ist die Detraktion (von lat. detrahere= abziehen) der kennzeichnende Erosionsprozess. Es wird Blockschutt, der zuvor durch den Prozess der Regelation entstanden ist, vom Gletscher aufgenommen und mitgeführt. Bei der Regelation wird durch hohen Druck auf den Untergrund (wie z.B. auf der Stoßseite von Erhebungen) der Druckschmelzpunkt verändert und das anstehende Eis kann schmelzen; nachdem das Hindernis überwunden wurde, löst sich der Druck und das geschmolzene Eis gefriert wieder; beim Prozess des erneuten Gefrierens werden Gesteinsmaterialien aus dem Felsuntergrund heraus gebrochen (=Detraktion).

Durch die Regelation entsteht eine typische glaziale Form: ein Rundhöcker. Der glatt gerundeten und von Gletscherschrammen überzogenen Oberfläche der Stoßseite (Detersion) steht eine steile, kantige und schroffe Leeseite (Detraktion) gegenüber. Rundhöcker findet man besonders häufig in den Gebieten der pleistozänen Inlandvereisung wie zum Beispiel an der Schärenküste in Schweden, die aus ertrunkenen Rundhöckern besteht.

3.2 Moränen

Der Begriff „Moräne" stammt von dem französischen Wort „moraine" und bedeutet übersetzt Geröll. Der Begriff wird jedoch für verschiedene Formen verwendet. Zum einen wird als Moräne das vom Gletscher transportierte Material bezeichnet, das sich an der Gletscherfront (Stirnmoräne), auf/im Gletscher (Ober-/Innenmoräne) und unter dem Gletscher (Untermoräne) befindet. Zum anderen verwendet man den Begriff für das abgelagerte Material, das auch lange nach dem Ende der Vergletscherung die Landoberfläche bedeckt. Außerdem nennt man die Landformen, die aus den abgelagerten Materialien entstehen,

Moränen. Im Folgenden wird vor allem auf Moränen als Landschaftsform eingegangen, da diese ein wichtiger Bestandteil der eiszeitlichen Überprägung Norddeutschlands sind.

3.3 Glaziale Serie in Norddeutschland

Der Begriff „Glaziale Serie" wurde von Albrecht Penck und Eduard Brückner in ihrem Werk ‚Die Alpen im Eiszeitalter' (1901 – 1909) geprägt. Die Glaziale Serie beschreibt „die idealtypische Anordnung und Abfolge glazialer und glazifluvialer Formen und Sedimente in Landschaften, deren Relief in der Vergangenheit durch ehemalige Eisrandlagen geprägt wurde" (ZEPP, 2003: 201). Die glaziale Serie ist ein Schema von Grundmoräne, Endmoräne, Sanderflächen und Urstromtal.

3.3.1 Grundmoräne

Allgemein betrachtet ist die typische Geländeform der Grundmoränenlandschaft eine Kuppen- und Kessellandschaft, die durch die Oszillation der Gletscherzunge entsteht. Durch das Vor- und Zurückweichen der Gletscherfront, werden immer wieder Eisblöcke vom Gletscher abgetrennt, so genannte Toteisblöcke, die die typischen Kessel bilden. Des Weiteren führt die Anreicherung des Moränenmaterials an der Gletscherzunge zur Bildung der charakteristischen Geländeform. Je weiter man sich vom Eisrand entfernt, desto flacher wird das Landschaftsbild, da die Eismassen das mitgeführte Material hier mehr oder weniger linear ablagern (Vgl. AHNERT, 2003: 367). Weitere Formen, die im Bereich der Grundmoräne auftreten und im nächsten Kapitel näher ausgeführt werden, sind: Toteislöcher, Zungenbecken und Drumlins.

In Norddeutschland wird durch die drei großen aufeinander folgenden Kaltzeiten (Elster, Saale und Weichsel) zwischen Jung- und Altmoränenlandschaft unterschieden. Die Eisrandlage der Elsterkaltzeit kann nicht genau bestimmt werden, da die Eismassen der Saalekaltzeit weiter reichten. In der Saalekaltzeit waren fast ganz Niedersachsen (bis zum Harz) und große Teile Nordostdeutschlands mit Gletschern überzogen. In der darauf folgenden Weichseleiszeit reichten die Eismassen nicht mehr weiter als die Elbe. Aus den unterschiedlichen Eisrandlagen der verschiedenen Kaltzeiten lassen sich die einzelnen Moränenlandschaften ablesen. Die Jungmoränenlandschaft ist durch die Weichselkaltzeit geprägt. Hier lassen sich noch leicht Formen der ehemaligen Vergletscherung feststellen. Die Altmoränenlandschaft beinhaltet das Gebiet, das die Gletscher der Weichselkaltzeit nicht erreicht haben, das aber ehemals durch Gletscher der vorangegangenen Kaltzeiten überprägt wurde. Die Formen der Vergletscherung lassen sich hier nicht mehr einfach erkennen, da dieses Gebiet periglazial und durch andere morphologische Vorgänge überprägt wurde.

3.3.2 Endmoräne

Auf die Grundmoränenlandschaft folgt in der glazialen Serie die Endmoräne. Eine Endmoräne entsteht, wenn der Gletscher über längere Zeit stationär bleibt. Es bilden sich an der Gletscherfront Ablagerungen von transportiertem Moränenmaterial. Die Endmoränen sind bogenförmig um die Gletscherzunge angeordnet und bestimmen den größten Gletschervorstoß. Man unterscheidet zwei unterschiedliche Typen von Endmoränen: die Satzendmoräne und die Stauchendmoräne. Der Unterschied liegt in der Entstehung. Die Satzendmoräne entsteht, wenn der Gletscher nach der Bildung des Walls abschmilzt und nicht wieder vorstößt. Bei einer Stauchendmoräne befindet sich der Gletscher im Vorstoß, das heißt, es wird ein enormer Druck aufgebaut, der beim Vorrücken des Gletschers jegliches dem Gletscher entgegenstehende Material zu einem Wall aufschiebt. Dieser Prozess lässt sich gut mit einer Planierraupe vergleichen. Ein ersichtlicher Unterschied der beiden Endmoränen ist ihre Größe. Eine Satzendmoräne erreicht ungefähr eine Höhe von 10m. Die Stauchendmoränen hingegen Höhen von bis zu 100m (Vgl. SCHMIDTKE 1992, S. 29-31). In den meisten Fällen findet man in Gebieten der pleistozänen Inlandvereisung Stauchendmoränen wie zum Beispiel „in Schleswig-Holstein die Fröruper Berge südlich von Flensburg, [...], die Hüttener Berge mit dem 98 m hohen Aschberg, die Duvenstedter Berge, ferner die Westensee-Moränen (Tüteberg, Kieler Berg u.a.), der Grimmelsberg bei Tarbek/Bornhöved, die Segeberger Moränen, dann die Hahnheide bei Trittau, die Möllner Moränen (Klüschenberg u.a.) sowie die Schaalsee-Moränen bei Seedorf." (SCHMIDTKE 1992: S. 30 - 31).

3.3.3 Sanderflächen

Hinter der Endmoräne liegen die Sanderflächen. Wenn die Gletscher abschmelzen, bilden sich große Wassermassen, die sich ihren Weg durch die Endmoräne bahnen. Durch die Gletschertore fließen die Schmelzwässer in einem Schwemmfächer ins Vorfeld der Endmoräne, wo sich die transportierten Sedimente der Korngröße nach, also geschichtet, ablagern. In der Nähe der Endmoräne finden sich gröbste Sedimente. Je weiter man sich von der Endmoräne entfernt, desto feiner wird die Korngröße des abgelagerten Materials. Diese Schichtung des Materials ist ein Indiz für eine fluviale Ablagerung. Die Sanderflächen in

Norddeutschland beinhalten besonders nährstoffarme Böden, woraus sich auch der Name für diese Gebiete ableitet: Geest.

3.3.4 Urstromtal

An die Sanderfluren schließt sich das Urstromtal an. Im Urstromtal vereinigen sich die Schmelzwasserflüsse mit den aus dem Süden kommenden Flüssen und fließen nach Westen zur Nordsee ab. Das wichtigste Urstromtal in Norddeutschland war das Elbe- Urstromtal (Vgl. ZEPP, 2003: 201).

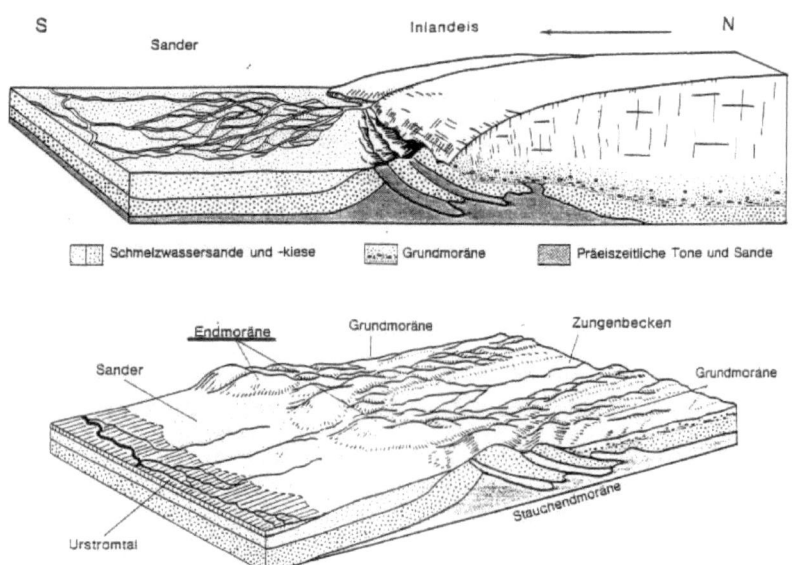

Abb. 3: Glaziale Serie in Norddeutschland. Quelle: http://www.ikzm-d.de/modul.php?show=7

3.4 Grundmoränenlandschaft: Formen

3.4.1 Toteis

Wenn Eismassen schnell abschmelzen, bleiben häufig unter Schuttschichten der Gletscherzunge Eisbrocken an der Gletscherfront liegen, die keine Verbindung mehr zum Gletscher haben und sich nicht mehr bewegen, daher der Name Toteis. Durch fluviale Ablagerungen, die bei der Gletscherschmelze entstehen, werden die Toteisblöcke zusätzlich mit Sedimenten überdeckt. Das Toteis ist durch die aufliegende Masse vor der Sonneneinstrahlung geschützt und schmilzt somit wesentlich langsamer ab, als die Umgebung. Wenn der Toteisblock nach einiger Zeit dann doch geschmolzen ist, sackt die überlagernde Geländeform nach und es ist ein so genanntes Toteisloch entstanden. Kleine Toteislöcher haben eine meist regelmäßig rundliche Form und können bis zu 10 m tief werden.

3.4.2 Zungenbecken

Zungenbecken entstehen während der pleistozänen Inlandvereisung in den Randbereichen der großen Eismassen z.B. in Nordbrandenburg oder an der Ostsee. An der Gletscherstirn wird durch Exaration[1] Lockermaterial zusammengeschoben und gefaltet; im Bereich der Gletscherzunge entsteht eine wannenartige, lang gestreckte Hohlform, die durch das aufgeschobene Lockermaterial, die Endmoränenwälle, begrenzt wird. Nach dem Abschmelzen des Gletschers werden Zungenbecken die lokalen Erosionsbasen. Sowohl Schmelzwässer als auch andere Flüsse sammeln sich im Zungenbecken. Es entsteht ein Zungenbeckensee. Das beste Beispiel in Schleswig-Holstein ist der Wittensee (SCHMIDTKE 1992, S. 48). Zungenbecken sind aber auch die Förden, z.B. die Kieler Förde oder die Flensburger Förde

3.4.3 Drumlins

Drumlins (vom irischen Wort „druim"= Rücken) sind stromlinienförmige Hügel die aus Lockermaterialien der Grundmoräne bestehen, und deren Gestalt „einer umgekehrten Löffelschale ähnelt" (AHNERT, 2003: 367). Drumlins verlaufen parallel zur ehemaligen Fließrichtung des Gletschers und treten stets in Schwärmen im Bereich der Grundmoränenlandschaft auf. Die Höhe von Drumlins beträgt meist einige Zehner von

---

[1] Nichtglazigene Lockergesteine und anstehende Festgesteine werden im Bereich der Gletscherstirn aufgeschürft und aufgefaltet.

Metern, ihre Länge einige 100 Meter. Das dem Gletscherfluss abgewandte Ende des Drumlin ist flacher als die Seite, die dem Eis entgegengestellt war. Die Zusammensetzung eines Drumlins ist nicht einheitlich; man findet viele verschiedene Materialien der Grundmoräne. Die Entstehung von Drumlins ist noch nicht eindeutig geklärt. Man geht allerdings davon aus, dass Drumlins beim Überfahren der zu einem früheren Zeitpunkt abgelagerten Grundmoräne (zum Beispiel die Grundmoräne der Saalekaltzeit) bei einem erneuten Gletschervorstoß (zum Beispiel in der Weichselkaltzeit) entstehen, indem bereits abgelagertes glaziales oder glaziofluviales Material überfahren wird und die typischen stromlinienförmigen Hügel gebildet werden.

3.4.4 Rinnenseen

Neben den großen Zungenbeckenseen entstehen glazifluvial auch kleinere Seen: die Rinnenseen. Die Schmelzwässer, die der Gletscher freisetzt, gelangen über Gletscherspalten an die Gletscherbasis und vereinigen sich hier zu Schmelzwasserflüssen, die durch ihre Erosionswirkung die oben erwähnten Rinnen formen. Die Mecklenburgische Seenplatte ist eine Ansammlung solcher glazifluvialer Rinnenseen.

3.4.5 Oser

Der Begriff Oser (Einzahl: Os) kommt aus dem Schwedischen und bezeichnet eine bahndammähnliche Aufschüttung von sortierten, geschichteten Schmelzwassersanden und - kiesen, die bis zu 30 m Höhe erreichen und deren Ausmaß sich über mehrere Kilometer erstrecken kann, aber sogar auch bis zu 100 km lang werden (z.B. das Uppsala Os in Schweden) (Vgl. ZEPP, 2003: 201 und AHNERT, 2003: 370). Oser entstehen ähnlich wie Rinnenseen durch die Arbeit subglazialer Schmelzwässer. Das Oberflächenschmelzwasser kann über Spalten und Risse in den Gletscherkörper eindringen und sich seinen Weg bis an die Gletscherbasis schaffen. Dort angelangt, fließen die Schmelzwassermassen in Gletschertunnels bis ans Ende des Gletschers und dort aus dem Gletschertor. Beim Durchfließen des Gletschertunnels werden die an der Gletscherbasis vorhandenen Schuttablagerungen (Untermoräne) vom Schmelzwasser aufgenommen und an den Seiten des Gletschertunnels und in seinem Inneren abgelagert. So wird der gesamte Gletschertunnel aufgeschottert und nach Abschmelzen des Eises bleibt die bahndammähnliche Schottererhebung, das Os, zurück. Allerdings kann ein Os nur entstehen, wenn der Gletscher stagniert beziehungsweise abschmilzt, da ein sich bewegender Gletscher das bereits entstandene Os überfahren und zerstören würde. Deshalb kommt es besonders in Endphasen einer Eiszeit zur Bildung der Oser (Vgl. AHNERT, 2003: S. 370).

3.4.6 Kames

Der Begriff Kame stammt aus dem Schottischen und bedeutet „steilhängiger Hügel aus Lockermaterial". Kames können ähnlich wie die Oser zwischen 10 und 20 m hoch werden, ihre horizontale Ausdehnung ist allerdings auf einige Hundert Meter beschränkt. Ein Kame entsteht generell in Verbindung mit Toteisblöcken. Durch die Arbeit der Schmelzwässer kommt es zu Sedimentablagerungen gegen oder zwischen den Toteisblöcken. Dadurch entsteht eine ebene Oberfläche. Beim Abtauen der Toteisblöcke bleiben die kuppen- oder kegelförmigen Hügel, mit meist ebener Oberfläche und sehr steilen Hängen übrig.

4. Zusammenfassung

Zusammenfassend ist zu sagen, dass die pleistozäne Inlandvereisung große Auswirkungen auf das heutige Landschaftsbild Norddeutschlands hat. Glaziale Formen wie Zungenbecken, Toteislöcher und Drumlins durchziehen die Jungmoränenlandschaft. Doch die Landschaft wurde nicht nur direkt durch den Gletscher beeinflusst. Durch glazifluviale Prozesse entstanden Formen wie Rinnenseen, Oser und Kames.

Mit dieser Hausarbeit sollte ein Überblick gegeben werden, welche geomorphologischen Erscheinungen uns auf unserer Norddeutschland- Exkursion erwarten werden. Jetzt ist es an uns diese zu entdecken.

5. Literaturverzeichnis

Literatur:

AHNERT, F. (2003): Einführung in die Geomorphologie, 3. Auflage, Verlag Eugen Ulmer Stuttgart.

HAVERSATH, J.B. (1997): Deutschland- Der Norden, 1. Auflage, Westermann Schulbuchverlag, Braunschweig.

HUCH, M. (2001): Klimazeugnisse der Erdgeschichte, Springer Verlag. Berlin.

SCHREINER, A. (1997): Einführung in die Quartärgeologie, 2. Auflage, E. Schweizerbart'sche Verlagsbuchhandlung, Stuttgart.

SCHMIDTKE, K.-D. (1992): Die Entstehung Schleswig-Holsteins, Wachholtz Verlag. Neumünster.

ZEPP, H. (2003): Geomorphologie, 2. Auflage, Ferdinand Schöningh Verlag, Paderborn.

Internet:

http://www.uni-kiel.de/forum-erdkunde/hintergr/sh1995/01a_glaz.htm (13.04.2007)

http://www.geographie.uni-stuttgart.de/lehrveranstaltungen/exkursionen/Nwd2001/Themen_pdf/Glazialformen.pdf (14.04.2007)